AF324581

SOCIÉTÉ CENTRALE

D'AGRICULTURE

DU DÉPARTEMENT DE LA SEINE-INFÉRIEURE.

PROGRAMME

D'UN PRIX

DE LA VALEUR DE 1000 FRANCS,

FONDÉ PAR LE CONSEIL GÉNÉRAL DU DÉPARTEMENT,

Qui sera décerné dans la Séance publique
de 1830.

A ROUEN,

IMPRIMERIE DE NICÉTAS PERIAUX LE JEUNE,
RUE DE LA VICOMTÉ, Nº 55.

1829.

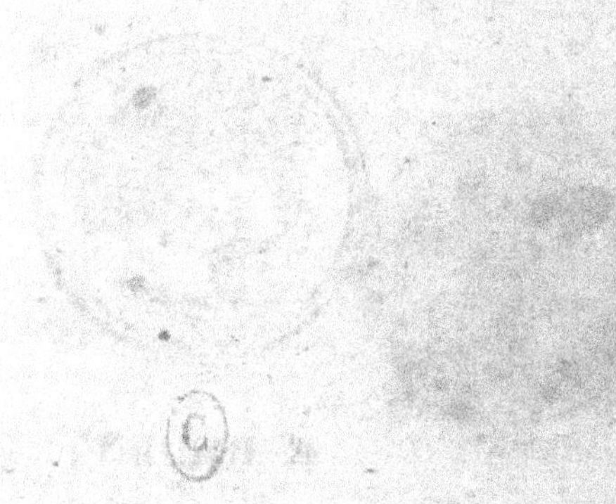

SOCIÉTÉ CENTRALE

D'AGRICULTURE

DU DÉPARTEMENT DE LA SEINE-INFÉRIEURE.

PROGRAMME

D'UN PRIX

DE LA VALEUR DE 1000 FRANCS,

FONDÉ PAR LE CONSEIL GÉNÉRAL DU DÉPARTEMENT,

Qui sera décerné dans la Séance publique
de 1830.

Dans sa session de 1827, le Conseil général du département de la Seine-Inférieure a fixé son attention sur la situation actuelle de notre agriculture. Il a considéré qu'il serait désirable que, s'écartant, à certains égards, de la route qu'elle a suivie jusqu'à ce jour, elle cherchât de nouvelles richesses dans de nouvelles spéculations ; qu'il fallait, en conséquence, s'étudier à lui faire créer plus abondamment les productions dont la consommation serait assurée en France, si elles étaient mises, par le bas prix, à portée des consommateurs.

Ces considérations lui ont fait penser qu'il serait bon de stimuler les cultivateurs de ce département à se livrer aux soins qui ont pour résultat l'engrais des bestiaux ; et, dans cette vue, il a invité **M.** le Préfet à consulter la Société d'Agriculture, tant sur la rédaction du programme d'un sujet de prix à proposer sur cette question, que sur le meilleur mode à conseiller aux concurrents, et sur le système d'assolement le plus avantageux.

La Société s'est empressée de remplir les intentions qui lui ont été manifestées. C'est donc sous les auspices de l'administration qu'elle propose, dans les termes suivants, le sujet d'un prix dont le Conseil général fera les frais.

Ce prix, de la valeur de 1000 francs, sera décerné, dans la séance de 1830, au cultivateur qui, « *sans pâtu-* « *rages naturels, renonçant aux jachères et adoptant un* « *système d'assolement en harmonie avec les principes déve-* « *loppés dans une instruction rédigée par la Société, engrais-* « *sera à l'étable, et avec le secours des prairies artificielles,* « *le plus grand nombre de bestiaux, livrés ensuite à la bou-* « *cherie au plus bas prix possible.* »

Conditions.

1° Déclaration préalable du cultivateur qui fera l'entreprise ;

2° La renonciation au système ruineux des jachères ;

3° Dénomination du genre d'assolement qu'il compte adopter ;

4° Le genre de nourriture qu'il se propose d'employer pour l'engraissement à l'étable de ses bestiaux, pour qu'on puisse apprécier la plus économique, la plus abondante en résultats, la plus prompte comme la plus favorable pour l'engraissement à l'étable ;

5° Un registre d'ordre sera tenu, où seront successivement inscrits les frais de culture, le prix d'achats des bestiaux, l'estimation locative des terres, ainsi que le produit des récoltes, le prix de la vente des animaux, avec la désignation des acheteurs, pour qu'une balance exacte puisse s'établir entre les frais et les bénéfices, et justifier pleinement les comparaisons que l'administration s'est proposée, afin que le prix à décerner soit purement la récompense du zèle, et non une compensation de l'entreprise du cultivateur.

Chacun des Auteurs mettra en tête de son Ouvrage une devise qui sera répétée sur un billet cacheté où il fera connaître son nom et sa demeure. Le billet ne sera ouvert que dans le cas où l'Ouvrage aurait obtenu le Prix.

Les membres résidants de la Société sont seuls exclus du concours.

Les ouvrages devront être adressés, *francs de port*, à M. GOUBE, *secrétaire perpétuel de la Société, petite rue de l'Avalasse*, N° 9, avant le 1er juin 1830.

Le Secrétaire perpétuel,

GOUBE.

RÉPONSE

DE LA

COMMISSION

NOMMÉE PAR LA SOCIÉTÉ CENTRALE D'AGRICULTURE
DU DÉPARTEMENT DE LA SEINE-INFÉRIEURE,

A LA LETTRE

A ELLE ADRESSÉE PAR M. LE PRÉFET,

Le 19 du mois de Janvier 1828,

Relativement au vœu formé par le Conseil général du département, pour la fondation d'un Prix de 1000 francs en faveur du cultivateur qui, sans pâturages naturels, réussirait à engraisser le plus grand nombre de bestiaux à l'étable, proportionnellement à la quantité de terre par lui cultivée, et trouver un bénéfice suffisant, en fournissant les bestiaux à un prix assez bas pour que les pauvres mangent plus abondamment et plus fréquemment de la viande.

CE vœu philantropique du Conseil général justifie pleinement la haute opinion qu'inspirent les honorables membres qui le composent, et la juste confiance dont ils sont investis à tant d'égards.

Pour satisfaire à des vues aussi louables que paternelles, la commission a dû nécessairement considérer que, pour tirer de notre sol des tributs plus abondants, il était convenable d'insister sur l'abolition totale des jachères, attendu cette incontestable vérité : *qu'en rendant à la terre ce que lui enlèvent annuellement les récoltes, on la rend inépuisable*, surtout en faisant alternativement succéder les racines pivotantes aux racines fibreuses (1), moyen infaillible d'accroître l'abondance des nourritures, et conséquemment aussi le nombre des bestiaux, qui, à leur tour, fournissent les engrais en quantité proportionnée et indispensable aux récoltes subséquentes ; l'expérience et de nombreux exemples prouvent depuis long-temps que cette rotation adoptée dans les départements du nord de la France, en contribuant au bon marché des denrées, enrichit le cultivateur.

Ce mode d'assolement a fait craindre, dès le moment de son adoption, que la culture des céréales restreintes à une portion moindre qu'auparavant, il ne s'ensuivît une accroissement dans le prix des blés, premier objet de consommation ; cette crainte devient illusoire : les récoltes des blés se sont soutenues, parce que, par la multiplication des bestiaux, les engrais ayant augmenté en proportion, ont rendu plus de force à la végétation des blés, qui ont été, d'ailleurs, cultivés avec plus de soins.

Il résulte donc de ce que l'expérience a justifié, qu'on peut faire produire à la terre plus de substance alimentaire qu'elle ne produit réellement. De cette vérité on déduit qu'aux possesseurs de prairies naturelles n'appartient pas seule la possibilité d'engraisser les animaux ; il est même reconnu qu'au moyen de la culture des racines l'engrais à l'étable est plus prompt,

---

(1) Si les partisans des jachères voulaient jeter un regard attentif sur la fécondité annuelle de nos jardins, résultat de leurs améliorations successives, ils n'hésiteraient pas à renoncer à cette méthode si nuisible à la prospérité de nos champs et à leur fécondité.

conséquemment beaucoup plus avantageux au cultivateur. Examinons maintenant la méthode qu'il convient
d'adopter , et les principes à suivre pour une réussite
complète.

Engraisser est l'art de faire passer un animal maigre
à l'état opposé , en dépensant le moins possible , et
par les moyens les plus prompts , les plus faciles et
les plus lucratifs.

Il faut d'abord admettre un principe incontestable :
c'est qu'il ne faut pas entreprendre d'engraisser un
animal réduit au dernier état de maigreur , quand
bien même il ne serait atteint d'aucune maladie ,
parce qu'un tel animal a perdu le pouvoir de profiter
de ce qu'il mange ; il aura déjà trop dépensé avant
d'acquérir seulement la faculté de l'embonpoint.

L'engraisseur doit rebuter tout animal à démarche
nonchalante , et dont les mouvements sont sans aisance ,
la tête basse , le regard peu expressif , les yeux presque toujours fixés , enfoncés , d'un blanc mat ou jau-
nâtre , avec des veines peu rouges , la peau terreuse ,
adhérente , sèche , le poil piqué et terne , s'arrachant
facilement avec sa racine ou bulbe ; ces symptômes
sont d'un fâcheux augure , ainsi que l'inflexibilité de
l'épine du dos quand on la pince , ou le soupir pro-
fond, lent ou obscur que pousse l'animal en relevant
l'épine après l'avoir plié.

L'âge le plus propre au développement de la graisse
à obtenir est celui où toutes les formes sont pronon-
cées , où l'animal a acquis tout son développement ;
alors la vie jouit de toute sa puissance d'action , et n'a
qu'à conserver : il ne faut donc pas tenter d'engraisser
des animaux trop jeunes ; leur viande sera tendre ,
mais beaucoup moins succulente ; ils deviendront gras
en dehors , mais peu intérieurement ; de même qu'on
ne peut engraisser après huit ans : on n'y trouverait

aucun avantage ; la graisse de ces animaux est moins blanche et la viande plus dûre.

Les animaux qui ont travaillé prennent plus facilement *le fin gras*. L'animal le plus propre à arriver promptement *au fin gras* doit avoir les formes agéablement arrondies et les chairs élastiques au toucher ; des jambes minces , plutôt courtes que longues ; un corps alongé, les flancs pleins , la côte ronde et un peu de ventre ; une peau mince , souple , très-mobile sur les côtes, avec le poil fin , court , peu touffu , bien lustré et de teinte légère ; une queue mince , des fesses peu fendues et bien charnues ; les reins larges et un garrot gras ; un cou épais , plus court que long ; un poitrail évasé , avec les épaules rondes ; une tête longue et fine avec les yeux saillants ; le regard vif , doux et assuré ; des cornes minces et de substance fine , presque transparente ou de couleur blanchâtre ; la castration ayant eu lieu à la mamelle ; le caractère doux et l'appétit bon ; cinq ans faits , dont deux employés à un travail léger. Tel est le modèle idéal d'un bœuf à engraisser.

De l'Engraissement des Bœufs.

Cet engraissement se fait de deux manières , au pâturage ou à l'étable. L'engraissement par les fourrages consommés à l'étable , autrement dit l'engrais *de pouture* , se divise dans les moyens relatifs à la variété des productions ; néanmoins les principes sont toujours les mêmes et se réduisent à trois : 1° ne pas presser l'engraissement ; 2° éviter la satiété ; 3° proportionner la qualité nutritive des aliments avec la progression de l'embonpoint et la diminution de l'appétit. C'est en cela que consiste la bonne méthode de l'engraissement. Donner les aliments de la manière la plus convenable , en constituer la bonne manipulation.

Première méthode.

Première période. Il convient de commencer l'engrais-sement au printemps, afin d'avoir le temps de vendre ceux des animaux qui seraient peu disposés à prendre de la graisse. D'ailleurs l'emploi du fourrage le moins avan-tageux étant celui de la consommation faite par un ani-mal maigre qu'on commence à engraisser, il faut le faire pendant la belle saison, parce que les bœufs, par un travail léger, et les vaches, par un peu de lait, fournis-sent une petite indemnité qui ne nuira pas à l'objet principal, qui ne les empêchera pas de se refaire.

Si l'engraissement débute par des fourrages secs, un supplément en fourrages-racines et *le boire blanc* de-viennent des auxiliaires presque indispensables.

Il faut surtout se dispenser de faire saigner l'animal qu'on destine à l'engrais.

Seconde période. La saignée nuisible au début de l'en-graissement devient avantageuse lorsque les animaux sont arrivés à l'état désigné par l'expression *en viande;* elle est même nécessaire en certains cas, afin de dimi-nuer la pléthore sanguine et préserver les coups de sang qui en sont la suite.

Il ne faut plus ni traire, ni faire travailler, dès qu'il s'agit de mettre en *bonne viande.* Les animaux, constam-ment tenus à l'étable avec une bonne litière, seront journellement brossés, attendu que les frictions sont excessivement utiles à cette époque, afin de faciliter *le gras en dehors.* Alors aussi les fourrages cessent d'être une nourriture suffisante; il est indispensable de recou-rir aux compléments en racines, en grains, ou en fari-neux.

Troisième période. Cette période de l'engraissement est la plus lucrative pour l'engraisseur. En passant de l'état *de bonne viande* à celui de la *haute graisse*, l'animal mange moins et acquiert plus de poids. Il est cependant un certain degré de graisse variable dans chaque individu qu'on ne peut faire dépasser qu'à perte. Il faut, disent les engraisseurs, s'arrêter *quand l'animal ne fait plus*. L'habitude et un certain tact observateur font connaître le point où il faut s'arrêter. Dans cette période, la vigueur, la force, la gaîté de l'animal vont s'affaiblissant peu-à-peu, en faisant place à une espèce d'hydropisie de graisse *au fin gras*.

En dernière analyse, litière sèche et abondante, nul pansement de main, étable chaude et obscure, où l'air se renouvelle ; silence et éloignement de tout ce qui peut distraire ou inquiéter ; fourrages choisis ; saignées au col, d'une livre au plus, répétées tous les dix ou quinze jours, et l'animal arrivera plus promptement et le plus économiquement possible au plus haut degré de graisse.

Régime.

Il ne faut pas entreprendre d'engraisser si l'on n'est pas riche en bons fourrages ; les regains bien récoltés valent beaucoup mieux que les foins ; celui de sain-foin, ou esparcette, est le meilleur de tous ; le trèfle, s'il a été bien récolté, est bon pour l'engraissement ; il fait boire.

Il est difficile de décider s'il faut toujours continuer le même fourrage ou s'il est plus avantageux de le varier. L'engraisseur qui n'aurait à consommer que des regains d'esparcettes, ferait bien de donner très-régulièrement des rations petites et multipliées, en même quantité et à la même heure. Quand on a plusieurs espèces de fourrages à faire manger, il faut commencer par celui de qualité inférieure et réserver le

meilleur pour achever l'engraissement. La variété de
nourriture peut devenir un moyen utile dans les derniers temps, parce qu'elle excite l'appétit ; pourvu
toutefois que l'engraisseur modère cet appétit factice,
afin d'empêcher que l'estomac de ces animaux ne se
surcharge. On les fait arriver *au fin gras*, en nourris-
sant pour ainsi dire à la main ; mais cela ne peut se
pratiquer en grand.

La chose essentielle est de conserver l'appétit à
mesure que l'engraissement avance ; c'est ce qui rend
avantageuse la succession des fourrages par qualités meilleures ; c'est dans la louable intention de conserver
cet appétit que les engraisseurs suisses mettent une
grande régularité à donner les rations égales, attendu
que ce n'est pas ce que l'on mange qui profite, mais
bien ce que l'on digère facilement.

Il est important de distinguer l'animal qui manque
d'appétit par satiété, de celui qui en manque parce
qu'il n'a pas digéré ; il faut retrancher toute nourriture à ce dernier : de l'eau blanche salée, présentée
souvent, en petite quantité, sera toute la nourriture
jusqu'à ce que la rumination soit reparue et que la
faim se soit fait sentir. Il faut, au contraire, par la
variété des aliments, solliciter l'appétit de celui qui est
blasé.

Le sel est de nécessité indispensable ; on le donne
tous les jours une fois, à la quantité d'une demi-poi-
gnée. Quand l'animal boit blanc, il y a quelqu'avantage à le donner plutôt avant qu'après la boisson ; le
sel soutient l'appétit, aide la digestion, ajoute à la
propriété nutritive des aliments, etc., etc. ; tous les engraisseurs ont parlé de ses bons effets ; aucun, peut-
être, n'en a assez dit.

On recommande, dans les derniers temps de l'engraissement, d'employer la gentiane ; la manière de

s'en servir est de la mélanger avec le sel quand on le donne à la main; on mêle deux tiers de gentiane avec un tiers de sel en volume et non en poids, dont on fait prendre une poignée.

On considère les baies de genièvre comme peu convenables à l'engraissement, et nuisibles au fin gras.

Les fourrages-racines sont utiles comme nourritures vertes et rafraîchissantes; ils servent comme fourrages substantiels. Leur propriété nutritive est due à trois principes, le sucre, le mucilage et la fécule.

Les meilleurs agronomes considèrent *les carottes jaunes* comme les meilleures des racines; les pommes de terre sont également recommandées. On estime qu'un bœuf peut en manger trente ou quarante livres par jour; on mentionne également les rutabagas, les raves et la racine de disette.

Lorsque les racines relâchent trop l'animal, il faut en diminuer la quantité, et y substituer du bon foin ou du regain.

Les résidus de féculeries de pommes de terre, des amidonneries, des drèches de brasseries, des distilleries de pommes de terre et de grains, peuvent être employés avec utilité et économie. Les résidus des distilleries ont une propriété assoupissante qui facilite l'engraissement. On emploie avec avantage les lies de vin, qu'on mélange deux fois par jour avec les racines cuites.

Les tourteaux, ou pain de noix, sont recherchés par les engraisseurs, et envisagés par les uns comme indispensables; on les donne délayés dans l'eau. Il en est de même des tourteaux de graine de lin et de colza, qui produisent un bon effet mêlés avec des racines. Les marrons d'Inde et les glands sont recommandés, et d'un emploi économique. On écrase les marrons, et on les donne en nature et frais, mêlés aux fourrages-racines

Quant aux grains , il est plus avantageux de les employer en farine que secs , malgré le déchet et la dépense
de la mouture.

Les farines se donnent mêlées dans l'eau de la boisson , pour faire *du boire blanc* , ou mélangées avec les
fourrages-racines qu'on en saupoudre , ce qui s'appelle
donner à lécher ; ou bien *mise en pâte* par boulettes : on
nomme cela *empâter*.

Le boire blanc doit être employé dès le début de l'engraissement jusqu'à la fin. *Le lécher* commence quand
l'animal est déjà en viande. Ce mélange de farine avec
les fourrages-racines est très-judicieux. La pâte est plus
rarement employée , et ne doit commencer qu'au *fin
gras.* Le pain est peut-être le meilleur parti qu'on
puisse tirer des grains pour achever l'engraissement. Cette
préparation développe la faculté nutritive des grains ,
et les rend plus faciles à être digérés. On estime que
de tous les farineux les plus économiques pour les engraisseurs , c'est une farine de troisième qualité , qui
se vend la moitié du prix de la farine ordinaire.

*Deuxième méthode économique , qui peut être mise
en usage dans tous les cantons , pour l'engraissement des Bestiaux à l'étable.*

En Allemagne , dans toute la Belgique et la Flandre ,
on retire , depuis long-temps , les plus grands avantages
de la plante-racine connue sous le nom *de disette* , ou
betterave champêtre ; et partout où on la cultive , on
la qualifie de racine d'abondance , tant elle est avantageuse et offre de grands produits.

Cette racine ne ressemble ni aux navets , ni aux carottes ; et , malgré sa ressemblance à la betterave , elle
lui est infiniment supérieure ; elle semble même être
une espèce séparée. Sa culture est très-facile , et ses avan-

tages tellement multipliés, qu'elle peut suppléer à tout autre fourrage ; aussi devrait-elle être généralement adoptée partout, et obtenir une préférence marquée sur toutes les racines dont on nourrit les bestiaux. On la plante en plein champ, sur les jachères ; elle réussit dans toutes les terres, et surtout dans celles humides et légères. Si des terres fortes et argileuses l'empêchent de pivoter, elle s'étend horisontalement, en produisant en dehors ce que la compacité du sol l'empêche de produire en dedans.

Cette racine précieuse n'est point sujette aux vicissitudes des saisons ; elle n'a pas d'ennemis destructeurs ; la plus grande sécheresse n'altère pas sa végétation ; elle n'effrite pas le sol qui la nourrit ; elle le rend, au contraire, meuble et propre à recevoir le blé avant l'hiver, ou toute autre semence qu'on voudrait lui confier.

La culture d'une racine aussi intéressante, et sa constante réussite dans toutes les mains, exigeant qu'on mette le cultivateur à portée de jouir de tous ses avantages, nous allons lui offrir tous les détails qui la concernent.

La graine se sème dès que le temps permet de cultiver la terre, depuis la fin de février jusqu'à la mi-avril ; elle se sème comme tous les autres légumes qu'on transplante, c'est-à-dire, ou à la volée, ou en rayons espacés de cinq pouces ; on la recouvre de bonnes terres de cinq pouces au moins ; il faut la semer un peu clair, parce qu'elle est grosse, et aussi pour avoir plus d'aisance pour arracher les mauvaises herbes, et aussi pour que les plants deviennent plus beaux et plus vigoureux. On sème ordinairement cette graine dans un jardin ou dans une pièce de terre bien bonne et bien meuble.

Lorsqu'on a semé la graine, il faut s'occuper à préparer le champ où l'on veut transplanter les racines ;

plus la terre est fumée , plus elle est profondément labourée et complettement ameublie , plus aussi les racines deviennent grosses et belles ; la récolte de leurs feuilles est également plus abondante.

Dans une terre médiocre , les racines ne pèsent ordinairement que quatre à cinq livres, et l'on ne les effeuille que quatre à cinq fois. Dans une bonne terre bien préparée , elles pèsent communément de neuf à dix livres , et on les effeuille huit à neuf fois. Dans un sol léger , sablonneux , elles viennent encore plus grosses ; il s'en trouve souvent qui pèsent quatorze et même seize livres (1).

Quoique le temps le plus favorable pour semer la graine de la racine d'abondance soit depuis le mois de février jusqu'à la mi-avril , il est cépendant avantageux d'en semer chaque mois jusqu'en juin : ainsi on a toujours des plantes propres à être transplantées , et dès qu'on a un espace vide , soit dans les jardins , soit dans les champs , on les y place. Dans les chenevières , après la récolte du chanvre , on peut planter ces racines ; elles y deviennent belles encore , et ce second

-----

(1) A la réunion de la Société d'agriculture de Londres , le 7 octobre 1817 , on montra quelques-unes de ces racines qui avaient donné soixante tonneaux par acre de produits. Le rapport qui fut fait à cette occasion dit que M. Jenkins tira, l'année précédente , pour le compte du Gouvernement, dans neuf acres du parc du Régent , une récolte qui donna soixante livres sterling de profit net.

On dit que cette racine, qu'on nomme en Angleterre *Mangel Wurzel* (racine de disette , ou betterave champêtre), est très-recherchée à Londres pour la nourriture des vaches; savoir : les feuilles , vers le commencement de novembre , et les racines , le reste de l'année , leur fournissent une abondante nourriture.

(*Système d'agriculture* , par *M.* Coke ; traduit par *F. E. Molard.*)

produit, quoique d'une nature différente du premier, le vaudrait bien.

Vers le commencement du mois de mai, la terre étant bien labourée à la bêche ou à la charrue, bien dressée, bien nivelée au râteau ou à la herse, on visite la pépinière : si les racines sont alors de cinq à six pouces de long, si elles sont de la grosseur d'un tuyau de plume à écrire, on les tire de terre, on ne retranche rien à leurs feuilles, ainsi qu'on le pratique avec *les endives*. Prenant ensuite un plantoir de bois, on fait dans la terre des trous profonds de quatre pouces et demi à cinq pouces ; on fait ces trous en ligne droite et en échiquier, à dix-huit pouces de distance l'un de l'autre ; on met une racine dans chaque trou ; on l'y place de manière qu'on puisse en découvrir le collet hors de terre environ de six lignes, précaution aisée, mais très-essentielle, et sans laquelle on ne réussit jamais bien ; ces plantes reprennent racine dans les vingt-quatre heures, et un homme un peu exercé peut en planter 1,800 à 2,000 dans sa journée.

A la fin de juin, ou dans les premiers jours de juillet, quand les feuilles extérieures ont acquis environ un pied de long, on en fait une première récolte, en les cassant autour et tout près de la racine. On appuie, à cet effet, le pouce en dedans et à la naissance de la feuille ; il faut avoir l'attention de ne pas laisser de chicots : on n'en doit cueillir à la fois que celles qui penchent vers la terre, et toujours ménager celles du cœur de la plante ; elles se reproduisent et croissent plus vîte. Aussitôt après cette première récolte, on donne avec le hoyau un labour ou binage aux racines ; on doit, en donnant cette façon, éloigner du haut de la racine, avec une spatule de bois, la superficie de la terre fraîchement remuée, de manière que chaque racine soit déchaussée d'un pouce et demi à deux pouces ; elles paraissent alors plantées dans un petit bassin de neuf à dix pouces de diamètre ; un enfant peut aisément faire cette opération. Dans les terres légères , il suffit de sarcler les mauvaises herbes et de bien faire le travail avec la spatule ; après cette seconde opération essentielle , on n'a plus qu'à récolter ; c'est le moment où les racines commencent à s'étendre et à croître d'une manière étonnante ; elles ne veulent point de plantes parasites pour voisines ; il leur faut de l'air et de la place pour pouvoir s'abandonner à leur inconcevable végétation.

Dans une bonne terre , on peut effeuiller ces racines tous les douze ou quinze jours ; on a plus d'une fois observé que dans l'espace de vingt-quatre heures leurs feuilles croissent de vingt-cinq à trente lignes en longueur , et de dix-huit à vingt en largeur ; aussi dès la seconde récolte ont-elles de vingt-huit à trente pouces de long sur vingt à vingt-deux de large. Ce récit paraît exagéré jusqu'au moment où l'expérience en aura démontré la vérité.

Les bœufs , les vaches , ainsi que les moutons , dévorent les feuilles de la betterave champêtre ; ils s'en nourrissent au mieux et s'en engraissent facilement. On les leur donne entières comme elles arrivent des champs. Toute la volaille de basse-cour en mange coupées et hachées menu , mêlées avec du son. Les chevaux même s'en accommodent très-bien : on peut les nourrir avec ces feuilles pendant tout l'été ; il ne faut pour cela que les hacher avec l'instrument qui sera indiqué à l'article des racines , et les mélanger avec de la paille aussi hachée. Les cochons en mangent également très-volontiers.

D'après les expériences réitérées et bien suivies qui ont été faites , on doit prévenir que les vaches à lait , que l'on veut conserver telles , peuvent , sans le moindre inconvénient, manger de ces feuilles pour toute nourriture pendant huit ou quinze jours de suite. Dès les premiers jours elles donnent une grande quantité de lait et de crème de la plus parfaite qualité ; mais si on continue à les nourrir avec ce fourrage seul, on les voit bientôt s'engraisser d'une manière frappante ; peu à peu leur lait diminue, et la substance tourne entièrement en graisse ; ces feuilles faisant le même effet sur les bœufs et sur les moutons, on peut juger de la facilité à les engraisser parfaitement avec cette seule nourriture.

Afin de conserver les vaches à lait dans tout leur produit, il faut donc mêler avec ces feuilles, de temps en temps, un tiers ou un quart des herbes des champs dont on les nourrit communément.

On peut leur donner de ces herbes une fois par jour, ou bien tous les trois jours, ou enfin les en nourrir une journée entière ; par ce moyen bien simple, les vaches seront toujours d'un rapport étonnant, et leur laitage sera excellent. Ces observations ne concernent que les vaches que l'on nourrit constamment à l'étable.

Quand on est menacé de pluie, on doit faire sa provision de feuilles pour deux ou trois jours ; mais il faut retourner quelquefois le tas qu'on en a fait, afin que ces feuilles ne s'échauffent pas. Elles ne donnent pas plus de peine que celles des autres fourrages verts qu'on est obligé de faucher, de fauciller ou d'arracher dans les prés ou dans les champs, et qu'il faut également ramasser et transporter dans les étables. S'il y a une différence, elle est en faveur des feuilles de la racine d'abondance ; un enfant peut les casser, les cueillir, tandis qu'il faut des hommes pour faucher les autres fourrages.

En plantant une quantité de racines proportionnée à la quantité de bestiaux qu'on veut ou entretenir ou engraisser , l'on est certain de pouvoir leur fournir des feuilles, quelque temps qu'il fasse , même pendant les plus fortes et les plus longues sécheresses , en un mot jusqu'au moment où l'on peut commencer à leur faire manger les racines.

On a entrepris de réduire les feuilles de la racine d'abondance en fourrage sec , on y a réussi ; mais on ne conseille à personne de répéter cette expérience : les peines de la manipulation et le peu de produit y ont fait renoncer. Ces feuilles , moëlleuses et fort tendres , se fondent au soleil ; il faut beaucoup de temps pour les sécher ; la moindre pluie , la rosée même , les putréfient et les réduisent à rien ; elles disparaissent presqu'au four.

L'arrivée des fortes gelées décide de l'instant de la récoltes des racines ; on l'a quelquefois commencée le 4 novembre , d'autres fois dès le 14 octobre ; il faut choisir un beau jour pour cette précieuse récolte , au risque de l'avancer de plusieurs jours ; il importe à la conservation de cette racine de la renfermer sans humidité. Le jour pris , on arrache les racines dès le matin , on les laisse sur place , afin que l'air et le soleil puissent les ressuyer. Des enfants suivent celui qui les arrache , et coupent les feuilles jusqu'au cœur ; on peut également faire cette opération la veille , ou quelques jours avant la recolte. Le soir on amasse toutes les racines , si elles sont bien séchées ; on les met à couvert à la cave ou dans quelqu'autre lieu bien sec , inaccessible à la forte gelée ; si l'on n'a point à craindre de pluie , on peut laisser dans le champ celles qu'on a arrachées le soir , et les porter le landemain dans le magasin ; quand le temps permettra de les laisser à l'air deux ou trois jours , on fera bien d'en profiter. Il ne faut pas les manier durement , ni dans le transport , ni en les déchargeant ; comme elles ont la peau très-fine , elles se meurtrissent très-facilement , et alors elles se conservent moins bien.

Choix des racines qu'on doit conserver pour porter graine.

Le temps de la récolte est le moment de choisir les racines propres à porter la graine; les seules bonnes sont celles qui ont atteint une grosseur moyenne, qui sont unies, lisses, couleur de rose en dehors, et blanches intérieurement, ou marbrées de rouge et de blanc : tels sont les signes qui caractérisent celles qu'il faut conserver et cultiver; celles qui sont toutes blanches ou toutes rouges, sont ou dégénérées ou de vraies betteraves, dont la graine, par la négligence des cultivateurs, s'est mêlée avec celle de la racine d'abondance. On doit loger séparément dans un endroit totalement à l'abri de l'humidité et de la gelée, les racines qu'on destine à reproduire de la graine.

Époque et manière de replanter les racines qui doivent porter de la graine.

Au commencement d'avril, on doit mettre en pleine terre les racines destinées à porter graine; on les place à trois pieds de distance l'une de l'autre. Comme leurs tiges s'élèvent à cinq ou six pieds, il faut leur donner des tuteurs de sept pieds de haut, enfoncés d'un pied et demi en terre; on entrelace les tuteurs avec de petites gaules, et l'on forme une espèce d'espalier; c'est contre cet espalier qu'on attache les tiges à mesure qu'elles s'allongent, afin que les vents ne puissent les casser.

Récolte de la graine; manière de la conserver.

Cette graine mûrit ordinairement vers la fin d'octobre; on doit la recueillir aussitôt après les premières gelées blanches; alors on coupe les tiges, et si le temps

le permet, on les dresse contre un mur ou une palis-
sade ; si le temps est mauvais, on les lie ensemble par
poignée et on les suspend, à l'abri, dans un lieu aéré,
jusqu'à ce qu'elles soient bien sèches ; on en détache
ensuite la graine, et on la conserve en la mettant
dans des sacs, comme les autres semences potagères.

Chaque racine transplantée peut rendre dix à douze
onces de graines.

Manière de prévenir la dégénération des racines.

La graine de la racine d'abondance dégénère comme
toutes les autres, quand on ne prend pas la précaution
de la changer de terre tous les ans, ou au moins tous
les deux ans, c'est-à-dire de semer dans une terre forte
celle qui a été produite par une terre légère et sablon-
neuse, et dans un sol léger celle qui est venue dans
une terre compacte et forte. Ainsi, les cultivateurs des
deux espèces de terres, en faisant tous les ans des
échanges de leurs semences, se rendraient réciproque-
ment service. Cette graine se conserve dans toute sa
beauté pendant trois à quatre ans.

Moyen de conserver ces racines depuis le mois de Novembre jusqu'à la fin du mois de Juin.

Si la provision des racines est considérable, et si
on ne peut pas la loger à la maison, il faut, plusieurs
jours avant la récolte, faire creuser des fosses dans le
champ même, ou dans un autre endroit qui, pendant
l'hiver, soit à l'abri des eaux ; après avoir fait sécher
le dedans de ces fosses pendant huit ou dix jours, on
met un peu de paille dans le fond et sur les côtés ;
on y place ensuite les racines une à une, en les maniant
doucement, et après avoir pris la précaution de les

débarrasser de toute la terre qui les entoure ; on couvre les dernières racines avec de la paille , et on rejette sur cette paille trois pieds de la terre qu'on a tirée du fossé ; on bat bien cette terre , et on la dispose en dos-d'âne , afin que l'eau s'en écoule facilement.

Dimensions des Fosses.

Les dimensions des fosses sont relatives à l'élévation du terrain , ou à sa pente ; on peut leur donner depuis deux jusqu'à quatre pieds de profondeur ; leur longueur est indifférente , et dépend de la quantité des racines qu'on veut y loger ; leur largeur est ordinairement de trois pieds et demi.

Ces racines ayant l'heureuse propriété de se conserver , sans altération , jusqu'au mois de juin , on fera bien de multiplier les fosses , et d'en faire une pour la consommation de chaque mois , à commencer par celui de mars , temps où la provision d'hiver , renfermée dans la cave , finit ordinairement. On conseille encore de multiplier les fosses , parce que ces racines , lorsqu'elles sont exposées au grand air , après en avoir été long-temps privées , ne se conservent pas trop longtemps fraîches ; on prévient cet inconvénient en multipliant le nombre des fosses.

Nécessité et manière de faire un Soupirail.

Il faut nécessairement que chaque fosse ait un soupirail par lequel la fermentation des racines puisse s'exhaler ; sans cette précaution , tout ce qu'on veut conserver sous terre pourrit ou se détériore.

Voici la manière de former ce soupirail : avant de rien mettre dans la fosse , plantez dans son milieu une perche de six à sept pieds de long , et de deux

pouces de diamètre ; placez ensuite vos racines dans la
fosse , et disposez-les en dos-d'âne ; quand la fosse sera
pleine , et que les racines s'élèveront , dans le milieu ,
d'un demi-pied au-dessus du niveau de la terre , on
entortille la perche dans un cordon de foin d'un pouce
d'épaisseur , en prenant la précaution de ne pas la serrer
beaucoup; on jette ensuite la terre, qu'on dispose et qu'on
bat comme nous l'avons dit ci-dessus ; quand la fosse
est bien recouverte et achevée en forme de tombe , on
arrache la perche ; le foin restera dans le trou , et les
exhalaisons que jettent les racines en fermentant , s'éva-
poreront par ce passage ; au bout de quelques jours ,
on couvre ce trou avec un morceau de tuile creuse , et
quand les grands froids arrivent , on le bouche avec une
pierre plate.

Manière de préparer les Racines pour la nourri-ture des bestiaux.

Pour faire manger ces racines à toute espèce de bétail , il faut les couper ou les hacher , après toutefois
les avoir bien lavées et nétoyées. On employe pour cet
objet un instrument tranchant , composé d'une lame
de fer d'un pied de longueur , de deux pouces de largeur ,
et replié en S ; au milieu des deux branches de l'S est
soudée une douille d'environ six pouces de largeur ; avec
cet instrument , qui , au premier coup d'œil , paraît être
destiné à imprimer la lettre S sur un corps quelconque ,
on hache ces racines aussi également que facilement ;
cette opération se fait dans un baquet ou auge, uniquement
destiné à cette usage. Un homme peut , dans une heure
de temps , hacher assez de racines pour nourrir douze
bœufs dans une journée. Avant de jeter les racines dans
l'auge , il faut les fendre et les couper par quartiers ,
attendu qu'il est avantageux de hacher ces racines en

morceaux de la grosseur d'une noix , parce qu'on a remarqué que les bestiaux en profitent mieux.

Pour les Bêtes à cornes.

Préparées de cette manière , on peut donner de ces racines , sans autre mélange , à toutes les bêtes à cornes et à laine , surtout à celles que l'on veut engraisser ; mais si on est forcé d'économiser les racines , on y peut mêler un quart et plus de foin et de paille hachée ; il est bon d'observer cette méthode pendant les trois ou quatre premières semaines , avec le bétail maigre que l'on met à l'engrais ; le foin de trèfle, de sain-foin, de luzerne, etc., est le meilleur pour cet usage.

Pour les Chevaux.

On peut , pendant tout l'hiver , nourrir les chevaux avec ces racines , en ajoutant, néanmoins, moitié paille et foin hachés ensemble ; nourris ainsi , ils seront gros , vigoureux et bien portants ; mais lors des travaux péni-bles et continus, il faut ajouter un peu d'avoine. C'est ainsi que l'on en use dans les provinces d'Allemagne où cette racine tient presque lieu de prairies , et dont l'espèce de chevaux est aussi connue qu'estimée.

Les cochons mangent également ces racines hachées , crues , et mêlées dans la boisson grasse ou laiteuse qu'on leur donne ordinairement. Ils deviennent aussi gras que ceux qui mangent des pommes de terre ou légumes qu'on est obligé de faire cuire ; on économise donc , en employant cette racine , le bois , qui devient si rare et si cher partout, enfin tout chauffage , les peines que donne le cuisson , etc.

Ration des différents Bestiaux.

La quantité de ces racines qu'on doit faire manger

par jour aux différents bestiaux, doit se mesurer sur celle des fourrages secs, qu'on veut et qu'on doit y ajouter (car il leur en faut tous les jours un peu avant de les faire boire); on doit encore proportionner cette quantité à la taille et à la grosseur des bêtes ; on doit aussi la calculer d'après le projet qu'on a formé sur les bestiaux ; ceux qu'on veut nourrir pour les garder, doivent en manger moins que ceux qu'on veut engraisser pour s'en défaire. Comme le volume de ces racines est plus ou moins considérable selon la bonté du sol qui les a produites, on ne fixera pas cette quantité par le nombre des racines, ni par le poids de chaque ration ; tout le monde n'a pas le temps et la facilité de faire ces pesées. On rapportera dans les alinéas suivants des faits qui répandront sur cette question toute la lumière dont elle est susceptible.

On a planté au mois de mai seize mille et quelques cents de ces racines, dans un champ contenant deux arpents et un huitième, mesure de Heidelberg ; cet arpent ayant deux cent cinquante verges, la verge dix pieds, et le pied, dix pouces de roi. Depuis le commencement de juillet jusqu'au quinze novembre, sept vaches et trois veaux ont été constamment nourris du produit des feuilles mêlées avec un tiers ou un quart d'autres herbes, comme il a été dit précédemment ; et depuis cette époque elles mangent des racines hachées de la manière indiquée. Les vaches font deux repas par jour ; chacun consiste en seize ou dix-huit livres de racines mêlées avec quatre livres de paille ou de foin haché ; leur laitage est aussi bon, aussi abondant qu'en été, et elles sont dans le meilleur état possible.

Manière d'engraisser les Bœufs.

On a fait mettre quatre bœufs maigres à l'engrais ; on

a donné d'abord à chacun, deux fois par jour, vingt livres de ces racines, mêlées avec cinq livres de regain ou de foin haché. Au bout d'un mois on leur a fait retrancher le foin haché, et on y a substitué cinq livres de racines : ils ont vécu ainsi pendant deux mois de racines seules ; après ce temps de deux mois, ils ont été assez gras pour être vendus. Ils ont toujours dévoré cette nourriture, parce qu'elle est savoureuse, tendre, et qu'elle n'a nulle âpreté. On a observé attentivement qu'il était plus avantageux de donner aux bœufs et aux vaches leur ration en deux ou trois reprises successives ; ils en engraissent plus vîte, et il n'y a rien de gâté, de perdu, comme cela arrive quand on leur donne tout à la fois (1).

D'après cet exposé, aussi fidèle qu'exact, on peut aisément calculer ce qu'il faut de ces racines pour nourrir une vache et engraisser un bœuf ; combien un arpent de terre peut en rapporter, en les plaçant à dix-huit pouces de distance, et combien engraisser de bœufs ou entretenir de vaches avec le produit d'un arpent.

Il faut communément quatre mois pour engraisser

----

(1) En 1819, dans le territoire de Lacken, un particulier étonné de l'énorme volume des racines de disette, de 14 à 16 liv. chaque, essaya d'en semer sans fumier, dans une terre bien préparée, de 25 verges seulement ; il obtint, dès le mois de juin, des feuilles pour nourrir 18 vaches pendant 25 jours, et, en outre, 3000 livres de racines pour l'hiver : ayant ensuite reconnu que le lait et la crême augmentaient en qualité et en quantité, il finit par ne leur donner que cette nourriture. Il engraissa, en 40 jours, des animaux destinés à la boucherie ; la chair et la graisse d'une qualité excellente.

un bœuf avec les denrées qu'on est dans l'usage de leur faire manger ; or, ces racines se conservant huit mois de l'année, et les feuilles, qui font le même effet, fournissant la nourriture de quatre autres mois, on peut donc renouveler trois fois par an les bestiaux qu'on veut engraisser avec cette racine, ou en nourrir constamment toute l'année ceux qu'on veut conserver.

L'arpent peut contenir environ 15,400 racines, à la distance de dix-huit pouces. Quant au poids de ces racines, comme il dépend de la bonté et de la substance du sol où on les plante, il est entre les mains de celui qui choisit la terre. L'isolement est nécessaire à ces plantes ; il est indispensable de ne pas les mélanger ni avec des pommes de terre, ni avec d'autres plantes, si l'on veut qu'elles acquièrent tout l'accroissement et le volume dont elles sont susceptibles.

Avantage de la culture de la Racine de disette.

Indépendamment de tous les avantages de la culture de cette racine pour la nourriture et l'engraissement des bestiaux, on peut mettre en tête la certitude d'une récolte abondante, quelle que puisse être l'intempérie des saisons.

En adoptant sa culture, on n'est plus tenu à faire paître et manger, pendant l'été, les prairies artificielles et naturelles, dont toute l'herbe peut alors se convertir en foin, dont les deux tiers au moins se consommeraient à la nourriture de l'hiver, tandis qu'on peut vendre cette denrée devenue superflue. Enfin, ces racines offrant la facilité de nourrir les bestiaux à l'étable pendant toute l'année, on obtient l'inappréciable avantage d'accroître infiniment la provision de fumier, objet si nécessaire, si indispensable à l'agriculture.

Manière d'élever les Veaux , en les sevrant dès l'âge
de douze jours , afin de multiplier les Bêtes
à cornes.

La disette de fourrage oblige souvent les cultivateurs
à se défaire de beaucoup de vaches , conséquemment
à élever beaucoup de veaux , ce qui influe sur le prix
de la viande , du beurre et du laitage , de manière à
ce que la classe indigente ne peut suffire à ces renché-
rissements. Il est donc infiniment essentiel d'éclairer
les habitants de la campagne , et de les encourager à
s'appliquer plus que jamais à élever des bêtes à cornes ; la racine d'abondance leur en offre les moyens ,
et détruit le vain prétexte qu'ils emploient le plus communément , celui de ne pouvoir se défaire du lait de
leurs vaches , aliment nécessaire à leur subsistance et à
celle de leur famille. En employant la racine d'abondance,
ils peuvent en effet sévrer , dès l'âge de douze jours ,
les veaux qu'ils veulent élever.

Dès le troisième jour , il faut , une fois par jour ,
présenter aux veaux nouvellement nés un peu de lait
tiède dans un vase de bois ; qu'ils le boivent ou ne le
boivent pas , peu importe : il suffit qu'ils mouillent
leurs lèvres ; à peine auront-ils atteint huit ou dix jours ,
qu'ils en boiront volontiers , et dès-lors on ne les laissera
plus approcher de leur mère ; on leur donnera alors à
boire , soir et matin , pendant trois ou quatre jours ,
tout le lait de la vache ; et à midi , au lieu de lait , on
leur présente de l'eau tiède dans laquelle on aura dé-
layé un peu de farine. Dès l'âge de douze jours , on ne
leur donnera plus de lait pur , ni le matin ni le soir ,
mais seulement de l'eau tiède mêlée d'un peu de farine
et d'un peu de lait : on leur continuera pendant quatre à
cinq jours ce dernier régime , et on y joindra ce qui
suit :

Dès le quatrième jour on prend , dans le creux de la main , un peu de son , et on le présente de temps en temps au veau ; quand il commence à lécher ce son , on en met une demi-jointée devant lui , et une poignée de foin ; on continue ainsi jusqu'au douzième jour , temps où il a appris à manger. Il faut avoir grand soin de tenir très-propre la place où l'on met cette nourriture , et de la balayer chaque fois qu'on la renouvelle. A dater de ce terme de douze jours , ou lui donnera tous les jours trois fois des feuilles de la racine d'abondance , hachées et mêlées avec un tiers de son , et deux fois à boire avec de l'eau blanche. Si c'est en hiver , la racine remplacera les feuilles. Quand le veau aura quatre à cinq semaines , on lui retranchera le son , on y substituera du foin et de la paille hachés , qu'on mêlera également avec les racines ou les feuilles. Il faudra ôter chaque fois ce qu'aura laissé le veau , et lui rendre une nourriture fraîche , afin d'éviter le dégoût. Les veaux élevés de cette manière croissent dès l'âge de six semaines , et réussissent fort bien ; l'expérience justifie pleinement la méthode.

Résumé.

1º Les hommes peuvent manger pendant toute l'année de la racine d'abondance : cette espèce de légume est bonne , saine , et ne cause pas de flatuosités , comme les navets ;

2º Le puceron et la lisette , ni aucun autre insecte , ne l'attaquent ; sa réussite est assurée partout ; il ne souffre point de la vicissitude des saisons. Les navets ou turneps ne jouissent point de ces propriétés ;

3º Les feuilles de la racine d'abondance sont une nourriture excellente pour les bestiaux de toute espèce , pendant quatre mois de l'année ; celle du turneps et des

autres navets ne procure cet avantage qu'une seule
fois, et alors sont-elles encore très-dures, et gâtées
par les insectes ;

4° La racine d'abondance se conserve parfaitement
pendant huit mois de l'année, et n'est pas aussi sujette
à la pourriture que les turneps ou navets, qui, dès la
fin de mars, deviennent filandreux, coriaces, creux et
cordelés ;

5° Les turneps et les autres navets ne réussissent
pas toujours parfaitemenet, et manquent même totalement, surtout dans les terres fortes ; il leur faut un sol
léger, frais, sablonneux ; la racine d'abondance vient
partout : les cultivateurs des deux espèces de terres sont
également assurés d'en jouir : ainsi tous les fermiers et
laboureurs peuvent profiter de cette ressource ;

6° Le laitage des vaches qui se nourrissent de navets
pendant quelques jours de suite, contracte un goût de
suif, fort aigre et très-désagréable ; celles qui mangent
de la racine d'abondance, donnent du lait et du beurre
d'une excellente qualité.

D'après ce parallèle d'une exacte vérité, on ne con-
fondra plus la racine d'abondance avec le turneps, qui
n'est autre qu'un véritable navet de la grosse espèce,
presque généralement abandonné aujourd'hui, à cause
des inconvénients dont on vient de parler.

La disette, ou racine d'abondance, vient au secours
de tous les troupeaux, surtout dans les champs où la
verdure, si utile et si nécessaire aux bestiaux, est encore rare. On sera à portée d'apprécier, par leur vigueur et leur embonpoint, combien elle contribue à
leur santé.

Jamais le bétail ne s'en dégoûte ; il le mange toujours avec la même avidité, le même plaisir, et on
n'a pas à craindre les malheureux accidents qui lui
arrivent quelquefois par l'usage des navets.

Ces avantages réunis et fondés sur une constante expérience, doivent encourager à la culture d'une racine qui peut augmenter la richesse de l'Etat, et contribuer à l'aisance et au bonheur des peuples.

On trouve dans la notice des assolements de M. Morel de Vindé, que les jachères sont absolument exclues de la culture : il propose celle de la carotte, non seulement comme un des meilleurs moyens d'alterner, mais encore comme un moyen de nourrir et d'engraisser les bœufs, les vaches, les moutons, les brebis et les chevaux. Cette culture étant connue, nous nous dispenserons d'en parler.

La culture des choux de la grande et bonne espèce, sont un important article de nourriture pour l'hiver ; ils forment un utile chaînon intermédiaire entre l'approvisionnement de l'hiver et celui de l'été. Le chou est d'une culture facile, d'une constitution vigoureuse, résistant à la gelée beaucoup mieux que le turneps. Il réussit dans les terres froides et argileuses, qui ne conviennent ni aux turneps, ni aux pommes de terre. Nous disons enfin que les choux sont, pour les bestiaux, une nourriture saine et profitable.

La Commission pense que pour passer de l'état de la culture actuelle à un état plus prospère, les cultivateurs doivent nécessairement accroître le nombre de leurs bestiaux, afin d'augmenter la masse des engrais ; ils en trouvent les moyens dans la quantité des fourrages et des racines qu'on leur conseille de cultiver, dans les produits des autres récoltes, par l'amélioration toujours croissante de leurs terres.

La Commission atteste encore, pour répondre aux vues du Conseil général, que nos terres sont propres à produire les plantes et les racines à l'aide desquelles on engraisse les bestiaux en Angleterre, en Allemagne, dans la Belgique et dans la Flandre française, et rendre, conséquemment, la viande plus à la portée du pauvre.

La Commission, néanmoins, ne peut pas dissimuler qu'un des plus forts obstacles à ce que le prix des viandes se rapproche des facultés du peuple, sont les droits exhorbitants du tarif des octrois ; quelque soit le volume et le poids d'un bœuf ou d'une vache, il paie trente francs et le dixième en sus ; les moutons indigènes qui pèsent quatre-vingts à quatre-vingt-cinq livres, et le petit mérinos qui n'en pèse que quarante à quarante-cinq, sont assujétis au même droit ; il en est de même de toutes les denrées.

L'article des mérinos, surtout, excite des réclamations de toutes parts ; la Société en a porté ses plaintes au Conseil général, attendu que ce droit porte un préjudice notable à l'amélioration des laines fines, parce que le cultivateur, ne pouvant vendre la chair de ses mérinos aux bouchers de la ville, renonce à nourrir ces animaux, dont les bouchers de campagne, imbus de ce que les premiers n'en veulent pas, n'offrent qu'un vil prix qui décourage totalement le cultivateur.

La Commission pense également que l'essor une fois donné à l'engraissement, rien ne s'opposerait à l'amélioration de la race des chevaux, attendu l'abondance des fourrages provenant du nouveau système d'assolement, qui permettrait l'augmentation des élèves, ce qui concourrait au bien-être du cultivateur, et rétablirait une branche d'industrie ancienne dans le département. Elle contribuerait à nous affranchir du tribut énorme que l'Etat paie à l'étranger pour la remonte des chevaux de cavalerie.

M. Goube, Rapporteur.

———

Il a été lu , à la Séance publique de cette année , un Mémoire très-instructif sur cet objet , rédigé par M. Heugue , membre correspondant ; et les cultivateurs qui se proposeront de concourir pourront en prendre connaissance chez M. le Sous-Préfet , ou chez MM. les vétérinaires de leur arrondissement , qui recevront le Cahier de la Séance publique de 1829 , dans lequel ce Mémoire sera imprimé.

———

www.ingramcontent.com/pod-product-compliance
Lightning Source LLC
LaVergne TN
LVHW010444060726
842527LV00005B/1681